Así lo viví

JAIME GARCÍA SANDOVAL

Así lo viví

COVID-19 MI TESTIMONIO
DESDE EL OTRO LADO DE
LA BATA BLANCA

bubok
EDITORIAL

© Jaime García Sandoval
© Así lo viví

Octubre de 2025

ISBN Libro en papel con solapas: 978-84-685-9190-2
ISBN eBook en ePub: 978-84-685-9189-6

Depósito legal: M-22163-2025

Editado por Bubok Publishing S.L.
equipo@bubok.com
Tel: 912904490
Paseo de las Delicias, 23
28045 Madrid

CONTENIDO

PRÓLOGO

La pandemia del COVID-19 cambió el mundo y les arrebató a millones de personas la salud, la estabilidad, la paz y, en muchos casos, la vida. Esta es una historia vivida desde dentro, contada por alguien que no solo enfrentó el virus, sino que también cruzó el umbral entre la vida y la muerte. Más allá de un testimonio médico, este libro es una carta de amor a la familia, una reflexión sobre la fe y un viaje al límite de la conciencia humana. *Así lo viví* no pretende dar respuestas absolutas, pero sí abrir el corazón para compartir una experiencia que me marcó para siempre.

9 de febrero de 2021

Presenté un cuadro clínico inicial con tos leve y repetitiva. Ese mismo día trasladamos a mi hijo menor, Mauricio, al Hospital Civil de Guadalajara, México. Jaime, mi hijo mayor, se percató de esta tos e hizo un comentario: «Si tu hijo menor tiene diagnóstico de COVID y se va a trasladar a Guadalajara por este problema de salud, es muy alta la posibilidad de que tú estés enfermo de lo mismo». Llegamos a Guadalajara, hospitalizaron a mi hijo Mau, y mi esposa y yo nos mantuvimos a la expectativa de las posibles peticiones que solicitaría el hospital.

Así lo viví: Mau, el menor de mis hijos, presentó síntomas de COVID-19 el 25 de enero de 2021. Se aisló e hizo lo que se le indicó: quedarse en casa y vigilar su evolución. Pasaron tres días y su evolución fue muy agresiva: inició con tos de menor intensidad y esta se intensificó rápidamente, con dificultad respiratoria e hipoxemia evidenciada por oximetrías. Por lo tanto, buscamos médicos y hospitales en Morelia que atendieran pacientes con este virus. Solo había dos: el Hospital Ángeles, que se encontraba lleno y sin capacidad para recibir a un paciente más, y el Hospital La Luz.

Después de hablar con el personal administrativo de La Luz, mi hijo fue trasladado en ambulancia. Lo recogieron en su departamento y lo llevaron a las instalaciones de ese lugar. Fue valorado y revisado por un médico, aparentemente internista, quien le sugirió quedarse en su casa y recibir tratamiento médico. Aceptó la indicación y se regresó a su domicilio. Su hermano Miguel, mi segundo hijo, también comenzó a presentar síntomas de este virus cinco días después del inicio de Mau. Con tratamiento médico sintomático, su evolución fue satisfactoria.

Se aisló en el mismo domicilio que Mau; se ayudaron mutuamente. Sin embargo, la evolución de la enfermedad de Mau fue más agresiva. Pasaron 36 horas desde que Mau fue revisado por el médico de Hospital La Luz y sus síntomas se intensificaron: la fiebre incapacitante que le daba a diario, la tos, la fatiga física y la fatiga mental fueron los detonantes que nos obligaron a buscar nuevamente el servicio médico. Mau fue llevado de nuevo al hospital por mala evolución: tos, fiebre, vómitos, intolerancia a los alimentos y desaturación, es decir, disminución por debajo del 90 % en la saturación de oxígeno en sangre medida por un pulsioxímetro.

Su traslado fue en una ambulancia destinada a pacientes con COVID y fue hospitalizado el 6 de febrero de 2021. Mi hijo Jaime, urólogo, el mayor de mis tres hijos, fue quién autorizó y firmó los documentos de hospitalización, y quedó como la persona designada para recibir la información médica sobre la evolución y el estado de salud de Mauricio. Fue recibido y trasladado a un «área COVID» de cuartos individuales. Le solicitaron que retirara toda su ropa y la depositara en una bolsa especial personal; también le pidieron que dejara su celular, alhajas y cualquier otro objeto personal que llevara consigo antes de ser hospitalizado.

«Antes de salir de alta te entregarán tus productos personales», le informaron a mi hijo. La revisión médica era una vez al día, por el médico de guardia. No había un reglamento sobre qué médicos lo revisarían ni en qué horarios.

Los estudios de laboratorio se los practicaban a diario, hasta dos veces por día, y en el transcurso de 72 horas le realizaron dos tomografías de tórax. Sin embargo, nunca fue atendido por un médico internista ni mucho menos por un médico intensivista. Su evolución fue de mal en peor, aunque los reportes siempre lo calificaban «muy estable». A pesar de todas las dificultades del aislamiento como paciente con COVID, mi hijo pudo hacer una llamada a su hermano Miguel para pedirle que lo sacara de ese hospital. Esto ocurrió el 8 de febrero.

En vez de mejorar, empeoraba muy rápido, y no recibía más que una visita médica al día, a una distancia de aproximadamente tres metros. Nunca hubo un reporte de alerta ni de empeoramiento del estado de salud de Mau por parte de los médicos, ni a su hermano mayor ni al resto de la familia. Como pudo, Mauricio le hizo una llamada a Miguel al día siguiente, el 9 de febrero. Fue entonces cuando el segundo de mis hijos se comunicó con nosotros y nos informó que debíamos sacar a Mau de ese lugar.

A partir de ese momento, nosotros como familia tomamos la iniciativa de buscar un hospital en el país que tuviera camas disponibles para pacientes con este virus. Nuestra sorpresa aumentaba con cada minuto y con cada llamada que realizábamos.

Inicialmente, mi hijo Jaime, médico urólogo con dos años de haber egresado de su especialidad, se dio a la tarea de hacer llamadas directas a los médicos de su generación, tanto de la carrera de Medicina como a aquellos que conoció durante la residencia médica.

Desde Tijuana hasta Mérida se buscó una cama hospitalaria que contara con ventilador mecánico para un paciente con COVID que pudiera llegar a necesitar intubación endotraqueal. La búsqueda fue a nivel nacional y la respuesta vino de un solo lugar: el Hospital Civil de Guadalajara. Tenía una sola cama disponible y, además, era el lugar más cercano, a tres horas de camino desde Morelia. Finalmente, aparecieron otros dos lugares, uno en Tijuana y otro en Mérida; sin embargo, el traslado aéreo resultaba más complicado dadas las condiciones de salud de mi hijo.

Después de muchas horas de espera por los trámites administrativos, y a pesar de que se sabía que era paciente portador del virus, con dificultad respiratoria, saturación de oxígeno del 88 %, taquicardia de 110 latidos por minuto y fiebre, fue retenido por casi tres horas tras solicitar su alta para ser trasladado a otro hospital. Aproximadamente a la una de la tarde de ese mismo día, se autorizó la salida de mi hijo, no sin antes exigir un pago de 90.000 pesos mexicanos como requisito para su egreso del hospital.

El motivo principal para sacarlo del Hospital La Luz fue que no disponían de ventilador mecánico para pacientes graves con COVID, información que nunca nos la hicieron saber. Comenzamos a vivir una situación lamentable: mi hijo empeoraba cada vez más y jamás nos informaron que no contaban con este equipo médico fundamental en sus instalaciones.

Una vez contratado el servicio de una ambulancia privada, mi hijo fue trasladado a Guadalajara. Tres horas después, y bajo vigilancia de un médico internista intensivista que lo acompañó durante el trayecto, llegó en condiciones aceptables al área COVID del Hospital Civil de Guadalajara.

Ya con Mau en la ambulancia, mi esposa y yo lo seguimos hasta el Hospital Civil. Fue recibido por la doctora Montserrat Alvarado Padilla, infectóloga y encargada del área de urgencias y de pacientes con COVID en situación delicada. El siguiente paso fue hospitalizarlo; acto seguido, lo trasladaron a la terapia intensiva para pacientes COVID, un área restringida para familiares.

Luego de realizarle estudios de laboratorio y una tomografía del tórax, fue atendido por un médico intensivista, quien inició un tratamiento con oxígeno de alto flujo, procedimiento inicial en estas situaciones. En caso de no lograr una saturación sanguínea aceptable de oxígeno, el siguiente paso habría sido la intubación endotraqueal, lo cual no sucedió gracias a la respuesta favorable de mi hijo. Antes de que Mau fuera hospitalizado, nos habían informado que nos llamarían para solicitarnos los medicamentos que el hospital pudiera requerir, y así lo hicieron en diferentes momentos del día, incluyendo la noche. Seis días después de haber sido hospitalizado, Mauricio fue dado de alta.

Quiero destacar algunos comentarios que mi hijo me hizo de manera personal; estos no serán modificados porque es justo saber lo que le sucedió.

Durante su estancia hospitalaria en terapia intensiva COVID, vivió experiencias que le provocaron distintas reacciones y le dejaron secuelas postraumáticas. En un área de hospitalización con seis camas, en un hospital que recibe a pacientes graves con esta enfermedad, las vivencias fueron variadas, intensas y difíciles de superar incluso meses después. Ver morir a varios pacientes horas después de haber sido intubados fue quizá parte de un escenario nunca imaginado por alguien internado en esta unidad.

Presenciar la carencia de equipos médicos y comprobar que debían compartirse por turnos con otros pacientes más graves es algo que no está en la mente de un paciente y que no debería ver ninguna persona. Eso de compartir su equipo médico por unas horas a otro paciente suena poco creíble. Durante esos días, Mau llegó a ver morir un promedio de seis personas.

Los pacientes que llegaban en estado de gravedad eran sometidos a tratamiento con oxígeno de alto flujo. Quienes respondían de forma satisfactoria no eran intubados; de lo contrario, eran sometidos a intubación endotraqueal y coma inducido. La muerte diaria era el reto por vencer. El lugar se destacaba por la presencia de poco personal de enfermería y un solo médico intensivista por turno, un monitor médico para cada tres pacientes, escasez continua de medicamentos y la falta de un sistema de alarmas o alertas que pudiera usar un paciente en caso de necesitar ayuda.

Mau estuvo en la cama 19-A. Como expliqué anteriormente, se encontraba bajo tratamiento con oxígeno de alto flujo y, dadas las circunstancias, sus condiciones físicas y la falta de personal, fue impactante para él ver la muerte por todos lados, al igual que las carencias de limpieza, de material y de personal. Ante esta situación lamentable e incómoda, los médicos y enfermeras debían de luchar contra la enfermedad. Eran varios los médicos cuyos valores profesionales salían a flote para apoyar a este grupo de pacientes bajo esas condiciones. Lo más valioso en esas horas de trabajo era el ojo clínico del médico intensivista y del personal de enfermería.

Vivir de cerca la carencia de personal de enfermería fue, para Mauricio, algo sorprendentemente negativo. Solo había una enfermera, máximo dos, por turno. Afortunadamente, mi hijo nunca fue sometido a coma inducido; sin embargo, durante esos seis días de internación vio una cantidad de muertes significativa. El temor de dormirse, para evitar confusión del personal médico y de enfermería, lo obligó a permanecer despierto por demasiadas horas: intubar a un paciente era igual a morir en esos momentos. Un hecho muy lamentable.

Destaca mucho el trato de un médico especialista dentro del área de terapia intensiva, cuyo nombre omitiré por respeto a la institución. Interrogó médicamente a mi hijo y, al momento de darse cuenta de que no era Jalisco su estado natal —quiero aclarar que mi hijo estudió la preparatoria en Guadalajara, y mis otros dos hijos también; incluso estos últimos estudiaron sus respectivas carreras profesionales en esta misma ciudad—, el trato de este médico fue muy lamentable, ya que lo maltrataba verbal y físicamente, y lo amenazaba con intubarlo si se dormía; situación que se repitió a diario por ocho horas durante seis días.

El irrespeto hacia mi hijo como persona, y más aún como paciente, fue algo muy lamentable. Algún día mi hijo aceptará escribir y describir estos hechos. No todo fue malo: lo grandioso es que mi hijo está vivo gracias al tratamiento aplicado por el personal médico y a los cuidados recibidos por enfermería, que día a día pudo apoyarlo. Mi hijo fue dado de alta a su domicilio con tratamiento médico y oxígeno por puntas nasales. Quiero destacar que nunca nos cobraron ni un peso por su atención médica: MUCHAS GRACIAS.

Estas gracias no alcanzan para cubrir todo el agradecimiento y respeto a cada uno de los miembros del equipo de terapia intensiva del Hospital Civil de Guadalajara. Mi más sincero reconocimiento a su labor profesional. Seis días después de haber sido hospitalizado, Mau fue dado de alta; su estado de salud aún era delicado. La necesidad de cuidados en casa era importante, así como el uso de oxígeno las 24 horas corridas, la toma de medicamentos, dieta, reposo y cuidados propios de un enfermo delicado.

Todo lo anterior lo recibió en casa gracias a todo el apoyo de Miguel y de la mamá de Mau, y así fue posible lograr esta recuperación. Cuando nos dieron la noticia de que Mau sería dado de alta, su hermano Miguel fue quien acudió al hospital a recogerlo. En esos días Miguel sufría los golpes sintomáticos del COVID-19; sin embargo, su sintomatología respiratoria no fue tan agresiva como la de Mau. Como pudo, Miguel se trasladó por su propia cuenta de Moroleón a Guadalajara.

Los síntomas de esta enfermedad ya estaban haciendo estragos en el cuerpo de Miguel. A sugerencia de todos, le pedimos a Miguel que se trasladara a Guadalajara para que fuera revisado por la doctora Montse, infectóloga. Antes de trasladar a Mau a su casa, Miguel fue revisado por la doctora, quien le sugirió mantener su tratamiento médico en casa y usar oxígeno solo en caso de que su saturación bajara a menos del 90 %, así como tomar medicamentos sintomáticos.

Mau había superado la etapa de la terapia intensiva sin ser intubado, y Miguel no necesitó hospitalización. *Así les tocó vivirlo.*

- Quiero hacer algunas notas que, desde mi punto de vista, debo destacar, al revisar ciertos hechos ocurridos durante la atención médica de Mau en Morelia:

- A los médicos del Hospital Civil de Guadalajara les llamó la atención que nunca le solicitaron estudios de laboratorio para ubicar la respuesta inflamatoria sistémica, considerados básicos para decidir un tratamiento médico.

- ¿Por qué nunca usaron oxígeno de alto flujo en Mau?

- ¿Por qué no existe un protocolo de COVID-19 en el Hospital La Luz, en Morelia?

- ¿Por qué nunca fue valorado por un internista o intensivista?

- Los protocolos de diagnóstico y tratamiento en estos pacientes con COVID ya estaban definidos a nivel internacional y eran muy accesibles, ¿por qué no estaban al día en ese hospital? Nunca lo sabremos.

- ¿Por qué realizar dos tomografías computadas en 72 horas? Nunca lo sabremos.

Mau continuó su tratamiento en casa, con el apoyo total de su madre. Cabe destacar que tanto la madre de Mau, María Laura, como Miguel y yo, ya habíamos sido diagnosticados con este virus al momento al momento en que Mau fue dado de alta. Por lo tanto, los cuidados hacia él se hicieron discretamente más fáciles, ya que había apoyo de tres personas para poder cumplir con su recuperación. Mi hijo mayor, Jaime, continuó con este apoyo a distancia. Jaime no se había contagiado de este virus y estaba cumpliendo con su labor profesional. Sin embargo, no hubo un solo minuto de ningún día en que descuidara la evolución de la enfermedad en cada uno de nosotros. Mañana, tarde y noche estuvo siempre al pendiente. Gracias, hijo.

11 de febrero del 2021

Estaban por cumplirse 48 horas desde que yo había iniciado con los primeros síntomas de esta enfermedad. La fiebre continua y la fatiga física ya no se retiraban. Acudí con la doctora Montse, sospechando intensamente de que ya tenía COVID. Me revisó y me realizó una prueba. Treinta y seis horas después, me dijeron el resultado de positivo. Me indicó tratamiento médico sintomático y me recomendó quedarme en casa. Los días transcurrieron, y la fiebre, junto con la fatiga física, persistieron durante los días siguientes.

13 de febrero de 2021

Mi esposa inició su cuadro clínico dos días después de haberlo hecho yo. Sus síntomas persistentes fueron fiebre, fatiga física y mareo. Este último le ocasionaba dificultad para mantenerse de pie y lo presentaba cada dos o tres horas a diario, lo que me hizo pensar que su evolución clínica no sería nada agradable, ya que ella tiene antecedentes de enfermedades respiratorias crónicas y había acumulado algo de peso. Por lo anterior, y para confirmar que ya era portadora de COVID-19, fue valorada por la doctora Montse, quien le realizó una prueba rápida, con resultado positivo; resultado ya esperado y lamentable a la vez, pues días antes habíamos visto la evolución tan agresiva de Mau.

El temor a lo peor se apoderó de mi esposa y de mí; supongo que lo mismo pensaron mis hijos Jaime y Miguel. Evitamos preguntarles por su estado de ánimo, sospechábamos que en su mente existía la misma preocupación: ¿cómo le iría a su madre? Todos los cuidados relacionados con la recuperación de Mau lo recibieron en casa. Aunque estábamos enfermos, todos nos dimos a la tarea de cubrir las necesidades de alimentación, proporcionarnos medicamentos y mantener bajo vigilancia directa la concentración de oxígeno en la sangre con los ya famosos pulsioxímetros.

El pánico a una recaída de Mau y la necesidad de cuidar nuestra propia evolución de la enfermedad nos hizo «encender un motor» para lograr nuestras metas día a día. Los síntomas en cada uno de nosotros eran diferentes, pues habíamos iniciado en fechas distintas; la edad y el sexo marcaron también esa diferencia.

El tema más importante era la evolución que tendría mi esposa. Todos estábamos preocupados, incluso la doctora Montse, ya que sus antecedentes la colocaban como candidata a una evolución reservada. Así que nos atendíamos mutuamente, sin pasar por alto que el paciente más delicado, y que acababa de salir del hospital, era Mau. Los días transcurrieron. El departamento donde estábamos todos juntos parecía un hospital de guerra: había tanques de oxígeno, sueros o soluciones parenterales, equipos de venoclisis, medicamentos para uso endovenoso, etc. Era un escenario triste, lamentable, pero era nuestra forma ya elegida para apoyarnos.

Somos cinco en la familia: mi esposa, mis tres hijos y yo. Mi hijo el mayor, Jaime, está casado y tiene una hija de seis años. Él y su familia estaban asintomáticos hasta ese día y se encontraban fuera de esta ciudad de Guadalajara, afortunadamente.

18 de febrero de 2021

Siete días de controlar la fiebre, la fatiga, la pérdida del apetito y la pérdida del olfato no fueron suficientes para lograr vencer el virus. Ese día empecé a presentar disminución de la saturación de oxígeno y se lo notifiqué a mi familia. Hubo una respuesta rápida por parte de cada uno de mis hijos, y entre todos comenzaron a buscar un hospital para mí antes de que llegara a una desaturación grave. En Guadalajara no había una sola cama libre en los hospitales COVID. La tarea era encontrar, dentro y fuera de esta ciudad, un hospital que pudiera recibirme. Las horas pasaban y nada... no aparecía ninguna opción.

Mau, a pesar de su estado de salud, pudo localizar a un médico de apoyo, quien vino a colocarme una venoclisis para mejorar mi estado de hidratación e iniciar una terapia a base de esteroides que la doctora Montse ya había indicado horas antes. Las horas corrían sin que se encontrara un hospital. Nuevamente, a través de una llamada que realizó Mau a un amigo suyo de la preparatoria, pudo comunicarse con el director del Hospital Real San José y le comentó sobre mi estado de salud. La respuesta fue de total apoyo en cuanto hubiera una cama COVID, pero en ese momento no existía una sola cama libre.

La doctora Montse se dio a la tarea de buscar una cama en cualquier hospital que atendiera a personas con este virus, a través de sus contactos. Mi estado de salud —sobre todo la saturación— ese día, 18 de febrero, empezó a evidenciar la necesidad de más uso de oxígeno. Algo destacable, entre lo mucho que hicieron nuestros hijos durante estas semanas de síntomas graves, fue que, desde que se enteraron de que los cuatro teníamos COVID, se ocuparon de conseguir tanques de oxígeno y los enviaron a nuestro domicilio, situación que nos favoreció bastante días después.

Jaime, estando en Moroleón, pudo coordinar la evolución clínica de cada uno de nosotros y las necesidades que nos surgían a diario. Además, continuaba con la responsabilidad de su profesión, trabajando todos los días, algo difícil de sostener. Las grandes tomas de decisiones quedaron a cargo de mi esposa y de mis hijos. A Jaime, por ser médico, le tocó tomar decisiones quizá nunca pensadas por él; nada agradable, supongo. Durante un mes y una semana —quizá los días más difíciles que les tocó vivir a cada uno de los miembros de mi familia—, enfrentamos juntos la enfermedad, el miedo y la incertidumbre. *Así nos tocó vivirlo.*

A partir de ese momento, la coordinación de la salud quedó a cargo de mi hijo Jaime, en parte porque no estaba enfermo, en parte por ser médico, y también porque su mamá ya estaba contagiada del virus. Ese día, aproximadamente a las trece, y bajo las condiciones físicas que su estado de salud le permitía, Miguel me trasladó al Hospital Real San José, en la avenida Lázaro Cárdenas. Quiero destacar que, a partir de ese momento, comencé a presentar cambios en mi percepción del tiempo.

Me refiero a lo siguiente: no recuerdo cómo llegué al estacionamiento del edificio donde vivíamos; no recuerdo cuánto tiempo tardamos en llegar al hospital. Lo que sí recuerdo con total seguridad es que eran las diez de la noche cuando llegamos. Recuerdo el cielo oscuro, las luces de los postes encendidas y la sala de urgencias COVID iluminada con luz artificial. Sin embargo, después de haber investigado muchos de los hechos narrados aquí, tanto mis familiares como las hojas de registro de mi expediente médico me aclararon que fui ingresado al área de urgencias COVID a las trece horas y no de noche.

Por otro lado, quiero describir cómo fue que se pudo lograr tener esta cama en uno de los días más difíciles en este país. En este mes de febrero de 2021, las camas de los hospitales de Guadalajara estaban llenas; fue el mes con más casos de virus a nivel nacional. La segunda ola estaba cobrando caro los contagios, y los pacientes graves durarían un tiempo promedio de hospitalización de veinte a treinta días, así que conseguir una cama en el área COVID-19 en un hospital privado o del sector salud era casi imposible.

Pero los milagros ocurren a diario y a cada minuto. Mi hijo Mauricio, quien, como dije anteriormente, pudo explicarle a un excompañero de la preparatoria mi estado de salud, resultó ser hijo de un médico y también director del Real San José. Su hijo le comunicó mi caso y la respuesta fue de total apoyo, pero no había camas disponibles. Sin embargo, una hora después de hacernos saber que no había camas, nos informaron que un paciente lamentablemente acababa de fallecer y que esa cama la pondrían a mi disposición en cuanto llegara.

Curiosamente, a la doctora Montse le informaron de esta defunción y de que el tiempo para desocupar esta cama y prepararla para otro paciente sería de dos horas, así que nos dimos a la tarea de dirigirnos al hospital. Con un tanque de oxígeno portátil, inicié este traslado. Tampoco recuerdo cómo me despedí de mi familia, aunque meses después mi esposa me hizo un comentario al respecto: «Antes de irte al hospital, me dijiste: "No tengas miedo de nada, si no regreso, ya vivimos una vida entera. Cuida a mis hijos, disfruta tus nietos. Cuídate"».

Estando aún en mi domicilio, me di un espacio para escribir unas palabras de despedida a cada uno de los miembros de mi familia. Lo que se avecinaba para mi pronóstico de salud era impredecible; nadie sabía si volvería nuevamente a mi domicilio. Lo escribí en mi teléfono celular, lo cual lo transcribiré tal cual. De hecho, no fue en mi domicilio donde escribí estas palabras, sino en el hospital.

Días después de haber sido hospitalizado, mi memoria me aseguraba que había sido como lo describí anteriormente, pero no: al revisar mi celular, me di cuenta de que fue de otra forma. Miguel me ayudó a llegar al servicio de urgencias del Hospital Real San José y registró mi ingreso. Mi estancia en urgencias fue corta. Me revisaron los signos vitales y me hicieron una breve historia clínica. Quince minutos después, me informaron que pasaría a una cama en el área COVID-19. He tratado de recordar hasta hoy cómo salí de urgencias, pero no recuerdo ni cómo llegué a la cama asignada para mí. Tampoco recuerdo cómo entré al elevador ni tampoco tengo en mi memoria lo que siguió una vez que llegué a mi cama.

Les cuento algunos escasos recuerdos:

- Recuerdo haber tenido una mascarilla de plástico de difícil control por la cantidad de oxígeno que salía de ella. Esta mascarilla estaba sujeta a mi cabeza con unos tirantes elásticos que se aseguraban en la parte posterior. Este artefacto lo usé hasta el 21 de febrero.

- La salida intensa de oxígeno desde la mascarilla y una inquietud provocada por la presión del aire que inflaba mis mejillas no me permitían respirar de forma normal ni satisfactoria.

- *CPAP* fue muy mencionado durante mi estancia hospitalaria.

- Durante estos tres días, no recuerdo el día ni la noche. No recuerdo haber comido ni dormido; tampoco de haber estado sentado o de haber realizado mis necesidades fisiológicas.

- Solo recuerdo esa mascarilla, que se movía mucho por su mecanismo de trabajo y activaba una alerta que indicaba su mala colocación.

- Recuerdo estar viendo, por momentos, todos los reflejos que provocaban los muebles y las personas sobre las ventanas de cada habitación, sin poder ubicar fecha ni horarios.

21 de febrero de 2021

Fue el día en que los médicos tomaron la decisión de intubarme, dada la mala evolución que había tenido con los altos flujos de oxígeno administrados mediante CPAP. En otras palabras, el flujo de oxígeno en altas cantidades ya no cubría las necesidades mínimas para un ser humano. Había llegado el momento de llevarme a un coma inducido para controlar mi salud. Supongo que la noticia fue impactante para mi familia; yo no tenía idea de lo que estaba sucediendo. Mi estado de conciencia era nulo, y mi capacidad de respuesta, inexistente. Todas las decisiones fueron tomadas por mi esposa y mis hijos. Ellos fueron quienes recibieron esta noticia y aceptaron la sugerencia médica.

Cuatro días después de haber sido intubado, inició el proceso para dar fin a este coma inducido. La mejoría de mi estado de salud permitió ver que había llegado este momento tan esperado. Por fin había superado el coma inducido y las complicaciones respiratorias que obligaron al equipo médico a tener que utilizar la intubación endotraqueal y coma inducido. Sin embargo, antes de extubarme, comenzó en mi mente algo muy especial.

Experiencias cercanas a la muerte

Así se les conoce, en el ámbito médico o científico, a los sueños, vivencias o experiencias que tiene un ser humano cuando muere y regresa a la vida nuevamente en un periodo de segundos o escasos minutos después de haber presentado muerte orgánica. Existen miles de relatos de este tipo, tanto de personas que sufrieron accidentes como de quienes fueron sometidos a cirugía y murieron por unos minutos, pero lograron regresar a la vida.

Cuatro días y siete horas después de haber sido intubado, o de haber estado en coma inducido, comenzó en mi mente lo siguiente:

Aparecieron inicialmente dos personajes: un hombre y una mujer, un médico y una enfermera, respectivamente. Estaban vestidos con un equipo de protección contra el COVID: un overol desechable blanco, protectores oculares (*goggles*) y un pañuelo rojo amarrado a la cabeza. Ambos se acercaban a mis ojos y a mi boca con la única finalidad de revisar un popote que sostenía en la boca. Yo sentía, y podía ver —no sé cómo— que tenía un popote de plástico blanco unido a otro pedazo de popote más pequeño en forma de cruz, que los unía una guía elástica. Este artefacto me causaba molestias intensas.

Estos dos personajes me gritaban y me pedían que no tocara esos popotes porque podía morir, ya que era lo que me proporcionaba oxígeno. Durante esa misma escena, empezaron a aparecer enfermeras de dos en dos, hasta llegar a ser miles. Todas pasaban, me veían y continuaban caminando hasta llegar a una explanada donde cabían miles de ellas. Caminaban a paso normal, todas uniformadas, y supongo que para llenar esta explanada se requerían muchas horas.

Cuando se llenó de enfermeras, sin saber por qué acudían tantas de ellas ante mí, tomé la decisión de arrancarme el popote que tenía dentro de la boca para liberar esa incomodidad que me estaba ahogando desde hacía muchos minutos, o quizá horas.

Un mes después, supe que había «despertado» del coma inducido de forma agresiva y violenta. Me dirigí a todo el personal de enfermería y medicina de forma agresiva, usando palabras que faltaban el respeto a todo el personal que estaba cerca.

Me había sacado el tubo endotraqueal en ese momento del sueño, que se relacionaba con la extracción del popote. Bajo una fuerza desmedida, me arranqué la sonda transuretral, hasta lograr extraerla de mis genitales. Lo mismo hice con el catéter venoso central, entre otros dispositivos. Fue un despertar no controlado, del cual no recuerdo nada.

Me comentaron que pasaron tres días después de ese incidente, pero mi evolución no fue la mejor ni la esperada. Durante los cuatros días y siete horas que duró el coma inducido, había mejorado, al grado de revertirlo y superar ese problema de salud provocado por el virus.

Pero no se logró. Los motivos no los sé; algún día los preguntaré. Como lo comenté anteriormente, a las 72 horas de haberme extubado súbitamente, empecé con una mala evolución: hipoxia, inquietud, irritabilidad y cambios en mi conducta, manifestados por desorientación, fatiga física y mental.

Los médicos llegaron a la conclusión de que debía ser nuevamente sometido a un coma inducido. De otra manera, no tenía oportunidad de salvarme. El doctor Quetzalcóatl me explicó: «Jaime, tu evolución no es favorable. Te fatigas fácilmente. Tu respiración en este momento es de cuarenta y cinco respiraciones por minuto, y la concentración de oxígeno en sangre está bajando del 80 %. Esto va mal. La única opción es inducir a un coma profundo nuevamente, a través de una nueva reintubación endotraqueal».

La noticia que recibí fue intensa para mi estado de salud mental en ese momento. Le pregunté si había tenido algún paciente con un caso como el mío. Me contestó: «No, pero dadas las condiciones, debemos reintubarte nuevamente. Debemos avisar a tus familiares ya, en este momento». Le pedí que me diera unos minutos para poder organizar mi mente y aceptó. Estos trece a catorce minutos fueron, y han sido, los minutos más intensos, difíciles y cargados de llanto que he vivido: aceptar que me volvieran a intubar.

¡Me voy a morir, no lo voy a lograr!, se vinieron estas palabras a mi mente y empecé a gritar y a llorar como nunca. Sabía que no saldría de esta. Sentía un miedo profundo, no podía concentrarme para tomar esa decisión, no podía dejar de llorar, no podía evitar sentir miedo. Mi mente estaba en un momento demasiado difícil, pero tenía que aceptarlo. Era un sufrimiento demasiado intenso; estaba aceptando, prácticamente, que podría morir. No podía evitar pensar en ello. Sin embargo, súbitamente apareció en mi mente algo que había prometido días antes a mi Dios.

Cuando mi hijo Mau estuvo grave en terapia intensiva, le ofrecí mi vida a mi Dios a cambio de que lo dejara vivir, y Dios me escuchó: mi hijo Mau está vivo. Había olvidado esta parte de la experiencia. Ese recuerdo, esa promesa, lo cambió todo.

Nuevamente, y como si me estuvieran ofreciendo agua en el desierto, empecé a sentirme mejor. Recordé que un día, mi esposa y yo estábamos orando, y cada uno de nosotros ofreció su vida a cambio de que Mau quedara con vida, y nuestro Dios nos escuchó, ¡me empecé a sentir feliz!

Me invadió un valor civil como nunca lo había sentido, y apareció una aceptación total frente a la evolución de mi enfermedad. El miedo comenzó a desaparecer rápidamente. Pensar en dar mi vida por la de mi hijo me hizo sentir profundamente agradecido con mi Dios. Todo cambió para mí a partir de ese momento. Mi mente se «abrió». Pude pensar de manera más clara las palabras que les diría a mis hijos y a mi esposa, en la forma y el tono adecuados, cómo decírselo sin que se sintieran muy afectados.

Pensé que esta noticia los movilizaría sentimentalmente, así que le pedí mi celular al personal de enfermería y me comuniqué con mi familia por videollamada: «Familia, llevo tres días extubado, pero mi evolución no ha sido satisfactoria y debo ser sometido nuevamente a coma inducido por sugerencia del doctor Quetzalcóatl. No tengo otra opción. Estaré aquí este fin de semana por si quieren venir. Los amo a todos. Les pido perdón por darles este problema, nunca pensé lastimarlos así. Saldré para vivir el resto de mi vida juntos. Mi esposa, a quien estoy viendo en este momento frente a mí, te pido perdón por el tipo de hombre que fui contigo durante todos estos años de casados. Familia, los dejo. La situación es muy difícil y no sé qué final tendrá».

Ninguno de los miembros de mi familia pudo decir una sola palabra; su silencio fue especial. Sus caras demostraban lo mismo que yo sospechaba: «Quizá mi papá no salga de esta». Después de esta despedida, iniciaron los preparativos para la segunda etapa de la terapia de coma inducido. En este lapso usando oxígeno a alto flujo, escribí un mensaje a mi familia, el cual lo escribiré tal cual:

«Familia, veo todo su esfuerzo por darme todo, mil gracias. Sé, lo siento y lo percibo en cada uno de ustedes lo que están haciendo por mí. Mil gracias, el amor no se oculta.

Mi vida, te pido perdón siempre. Has sido mi amanecer diario. Siento no haberlo logrado. Pero al igual que todos los días desde que te conocí, eres y has sido el amor de mi vida. Lamento mucho la forma en que te lastimé, tú y Dios lo saben. Desaparece todo lo mío de todos lados, no permitas recuerdos, quema todo menos el saco que compramos en Puebla, ofréceselo a Jaime, está sin usar. Te amo, siempre te he amado, cuídate y cuida a mis hijos y a los próximos nietos. Yo estaré bien, porque creo que podré ver a mi madre.

Hijo Jaime, te doy las gracias por lo que estás haciendo. Eres todo un hombre responsable. Dale una gran educación a mi nieta. Tú cuida mucho tu carrera, evita las parrandas. Te pido hasta donde puedas que hagas las paces con tu mamá. Tu madre los va a necesitar a los tres. Te amo. Te amo demasiado, eres fuerte por todos los ángulos, cuida a tus hermanos, siempre. Pero cuídate igual tú, tú tienes tu propia familia, ¡gracias por todo!

Miguel, me has demostrado en poco tiempo tu forma de pensar y de hablar, muy directa y correcta. No cabe duda de que eres un gran hijo. Te amo con todo mi ser. Te pido que apoyes a tu mamá en todo hasta donde puedas. Te amo y te respeto mucho, lamento no haber sido un padre como el que te merecías, los abandoné mucho, perdóname. Siempre estaré junto a ustedes, siempre. Nunca quise darles este problema, pero así me tocó, lo lamento mucho. Te amo, Miguel, ¡mi gran piloto!

Mau, mi hijo más pequeño y el más atrevido en todo. Veo un ciclón en tus planes, ¡cúmplelos! Solo te pido que no dejes a tu mamá. Tienes que lograr tus metas, promételo. Siempre juntos los cuatro, siempre estaré junto a ustedes. Te pido que logres todas tus metas posibles. Mide tus alcances y no te endeudes este año con el banco. Te amo y te pido perdón por abandonarte durante tanto tiempo. Eres fuerte, demasiado fuerte, y saldrás pronto de esto. Por favor, desaparece todo lo mío, donde exista algo mío, ya NO quiero seguir dañándolos. Cuídate mucho, ten varios hijos, podrás con todos y con todo.

GRACIAS POR TODO, FAMILIA, SIEMPRE HAN SIDO UN ORGULLO MUY GRANDE PARA MÍ Y, AHORA, CON MUCHA MÁS RAZÓN. DIOS LOS CUIDE SIEMPRE, Y PERDÓN POR NO CONTINUAR JUNTOS. ¡NO ME DEJÉ VENCER NUNCA! ¡NUNCA, NUNCA, NUNCA! SOLO ME ATACÓ ESTA ENFERMEDAD DONDE NO PUDE TOCARLA.

Los dejo, los amo, mis hijos, mis adoraciones, mi esposa, mi amor, mi todo, mi vida, mi mundo. Te buscaré en los cielos y en los diez mil mundos, te veré y me verás, te amo, mi vida, mi cielo. Siempre estaré junto a ustedes, nunca estarán solos. Gracias. Les pido perdón por todo lo malo que les hice.

LOS DEJO, LOS VEO LA PRÓXIMA VEZ, GRACIAS POR TODO, FAMILIA, GRACIAS POR DEJARME VIVIR JUNTOS A USTEDES.

Les dejé unas instrucciones a Miguel y a Mauricio acerca de qué hacer con lo que quede de mí. Les pido que las cumplan. DIOS LOS PROTEJA SIEMPRE. TE AMO, MI VIDA».

Treinta minutos más tarde, estaba en una habitación preparada para iniciar la segunda intubación. Era el 21 de febrero de 2021. Cinco días después, lograron regresarme del coma inducido gracias a una mejoría. Desperté, y a la primera persona que vi fue a mi esposa. Fue un despertar feliz, tranquilo, y nada parecido al del coma anterior. Tuvieron que pasar tres meses después de haber sido dado de alta del hospital para que tuviera el «valor» de leer los mensajes que me escribieron mis hijos y mi esposa. También pude ver los mensajes que me enviaron mis hermanas y sobrinos. Fueron muchos minutos de llanto y de dolor al leer y ver lo que escribieron y grabaron para mí.

Hoy no tengo una forma física ni verbal de agradecerles todas sus atenciones, mensajes, videos y oraciones que hicieron por mí. MUCHAS GRACIAS.

A partir de este momento, intentaré describir algo muy especial que me sucedió cuando estuve en coma inducido. Decidí escribirlo porque esta experiencia me dejó muchas enseñanzas y despertó numerosas dudas en mi mente, a las que aún no he podido encontrarles respuesta.

He buscado de forma continua y persistente en artículos escritos, sin encontrar respuestas a mis dudas ni a los hechos que me sucedieron. He leído textos en los que describen hechos parecidos a los que me ocurrieron. Son incontables las personas a las que les han pasado experiencias similares. He visto videos grabados donde entrevistan a los protagonistas de estos sucesos, tanto en series como en videos de YouTube. Sin embargo, no he encontrado respuesta a mis dudas. *Así lo viví...*

Daré inicio al relato de estos sucesos. Después de la segunda intubación, al ser llevado nuevamente al coma inducido por mala evolución, viví estas experiencias que se conocen como «sueños cercanos a la muerte» o experiencias cercanas a la muerte, entre otras denominaciones. No sé cuándo comenzaron, solo puedo contarles lo que sucedió. Tampoco sé cuántos minutos duraron, porque para mí fueron muchas horas y muchos días.

Despierto súbitamente y me encuentro en una habitación amplia, iluminada por una luz blanco perla de una intensidad muy fuerte, muy intensa, pero que no lastima mis ojos ni genera calor.

Esa habitación tiene paredes blancas, de un blanco muy agradable a la vista. La luz, súbitamente, aumenta su intensidad, tanto, que puede lastimar mi visión por escasos segundos, aunque me permite ver a través de ella. No me visualizo en un hospital, no veo sueros ni equipos médicos a mi alrededor. Tampoco hay personal de enfermería ni médicos, ni llevo puesta ropa de paciente. Me veo con ropa de pijama quirúrgica azul marino oscuro, como el uniforme que he usado durante los últimos veinte años en el hospital donde trabajo.

Algo que me distrae de forma importante y muy evidente es que no estoy enfermo ni mucho menos grave. Tengo una sensación de salud total, que me permite ver, pensar, razonar y tener una idea, aunque no muy clara, de los hechos que están sucediendo. Esa luz intensa aparece súbitamente, y su intensidad me hace sentir muy relajado y cómodo, y disfrutar de una paz absoluta. La luminosidad varía hasta alcanzar una intensidad jamás vista por mis ojos.

Había momentos en los que, después de estar bajo esta gran intensidad de luz, me trasladaba a otras áreas físicas volando, donde podía ver cerros llenos de árboles y arbustos, así como piedras ordenadas de una forma perfecta. No había áreas sucias o feas. Podía volar o desplazarme por el aire y ver lagunas de un azul perfecto para mis ojos, llenas de imágenes jamás vistas por mí.

Por momentos, deseaba sumergirme en el agua. Pero esta agua no era el líquido que conocía hasta este día: eran triángulos hechos de un material transparente perfecto, que contenía agua blanco-azul tenue. Al tocar o mover el agua, los triángulos se separaban para permitirme moverme a través de ellos.

Era un líquido perfecto. Cuando me sentía muy solo en esa naturaleza también perfecta, después de haberme sumergido en esas aguas extraordinarias, me aburría en mi soledad. No existían insectos ni animales, y mucho menos humanos a mi alrededor con quienes pudiera convivir.

Después de mucho tiempo de disfrutar, una y otra vez, estas zonas, cuando me sentía muy solo, sin saber cómo lo lograba, aparecía en mi cuarto, sentado o acostado en mi cama. Todo era perfecto, pero también estaba cansado y aburrido de estar solo. Así pasé no sé cuánto tiempo: los hechos se repetían un sinnúmero de veces. Se hacía presente la luz intensa, aumentaba su intensidad de forma muy agradable, y entonces iniciaba nuevamente mi recorrido por esa naturaleza perfecta.

Estas experiencias eran cada vez más aburridas; ya no las disfrutaba como al principio. Estar solo todo el tiempo dejó de ser placentero. Pero entonces ocurrió —no sé cuánto tiempo después— algo que marcó una gran diferencia en esas vivencias...

A unos metros de mi cama, donde estaba algunas veces acostado y otras sentado —aunque nunca me vi caminando en ese cuarto—, súbitamente apareció mi madre. Sí, mi madre, quien había muerto hacía más de treinta años. Apareció a unos metros de la piecera de la cama y se dirigió hacia mí.

Me vio a los ojos y me dijo: «Sí, soy tu madre. Te he seguido todo este tiempo en que no te he visto. Sé lo que has hecho, lo sé todo. Pero no soy yo quien debe juzgarte; yo solo soy tu mamá, y aquí estoy y estaré contigo para cuidarte y acompañarte».

Esa voz dulce, tierna, cálida, amable, amorosa, cariñosa, gentil... me destrozó. Agregó: «Esa luz intensa es la que te juzgará, yo no, hijo». Fueron sus primeras palabras en medio de reuniones incontables, por minutos y horas, en las que estuvimos juntos.

Recuerdo perfectamente sus caricias, sus atenciones, su amor. Aquella habitación no solo guardaba la luz; también guardaba calor humano, tranquilidad y una paz total. La primera vez que la vi, me impresionó profundamente, porque yo sabía que estaba muerta. Sabía que había fallecido hacía muchos años y, sin embargo, la veía exactamente como la vi por última vez. Me pregunté: «¿Es mi madre? ¿Es usted mi mamá?». ¡No podía creerlo! Se me hacía imposible creer lo que estaba viendo. Mi madre había muerto hacía muchos años, después de haber sido atropellada por un vehículo.

La muerte de mi madre es el dolor más intenso que he sufrido en mi vida. Pasaron muchos años para poder aceptarlo. Cuando analizaba esta situación, se me hacía fuera de lugar. ¿Cómo podía platicar con mi madre como si estuviera viva? ¿Qué estaba sucediendo que podía ver a mi madre y hablar con ella? Se me acercó tanto a mí la primera vez que podía ver sus pupilas, que se dilataban dependiendo de la luz que recibía.

Sin embargo, la habitación especial, la luz y todo lo que me rodeaba era solo paz y tranquilidad. No sé cuánto tiempo platicamos en cada sesión que nos veíamos, pero fueron muchas las ocasiones en que nos reunimos. Fueron momentos muy especiales, llenos de amor. Solo amor de una madre a su hijo y de un hijo a su madre. Nunca hubo reclamos o malos momentos, todo fue armonioso y de amor profundo. Esa luz de gran intensidad aparecía en mi mente y era el momento de ver a mi madre. También, en cada sesión, aparecieron mi padre ya fallecido, mi hermano Jorge y mi hermano José Luis, ya fallecidos ambos: mis dos hermanos mayores.

Recuerdo que las primeras veces que los vi era porque esa luz se volvía mucho pero mucho más intensa, y en medio de una neblina blanca, suave, que parecía acariciar mi piel, veía salir a mis hermanos y a mi papá en medio de la habitación, a unos dos metros de la piecera de la cama. Sucedía que esa luz aumentaba de intensidad y me hacía reflexionar sobre muchos hechos buenos y malos de mi vida. Esa luz me hacía evaluar cada hecho como un reto. Y si mi respuesta no era la esperada, me hacía seguir reflexionando hasta que quedara claro en mi mente qué había hecho en ese momento y que habría debido hacer.

Esa luz y su intensidad me hicieron recordar muchos momentos y palabras que usé para referirme a mis hermanos. Siempre los culpé por no haber evitado su muerte, siendo tan jóvenes. Les reclamaba que pudieron haberlo evitado y no lo hicieron. Esta parte de las sesiones fue muy larga, hasta que esa luz me hizo ver que yo no tenía derecho a decir nada sobre esos hechos, y me hizo aceptar lo sucedido.

Otra manifestación de esta luz era que me hacía ver mis errores y el peso de estos en mi mente y en mis sentimientos, de tal manera que podría calcularlo en muchos kilos. Cada vez que me hacía reflexionar esa luz, el peso de esas irresponsabilidades y de los buenos hechos que yo había realizado iba disminuyendo, hasta dejarme tan ligero como el aire que respiraba.

Tan libre y tan lleno de libertad para todo. Era una sensación de libertad total. Podía pensar de una forma rápida y clara; podía pensar sin detenerme en mis respuestas y eso me hacía más libre. Cuando esa luz aparecía y su intensidad variaba de muy intensa a demasiado intensa, era seguida de la presencia de mis padres y hermanos. Recuerdo que, en muchas ocasiones, mejor dicho, en miles de ocasiones, mis dos hermanos me daban una palmada en el hombro derecho o izquierdo y me decían: «No te duermas, cabrón. Míralo, te estás durmiendo, no te duermas, nosotros estamos aquí para apoyarte y no dejarte dormir».

Estos hechos se presentaron cientos de veces, y eran únicamente mis dos hermanos quienes realizaban estas actividades. Mi padre siempre se mantuvo a distancia. Se acercó varias veces para saludarme y mirarme. Era una reunión familiar muy especial, llena de luz, amor y bondad.

Pero no todo fue felicidad, tranquilidad, bondad y paz. También hubo momentos en los que esa luz aumentaba mucho su intensidad sin causa aparente. Al fondo de la habitación aparecía una presencia masculina, hincada, vestida con una túnica blanco perla de manta y un pantalón del mismo color. Tenía la cabeza flexionada, caída sobre el pecho, con cabellos abundantes y largos que nunca me permitieron ver su rostro.

Estaba siempre hincado, descalzo en algunas ocasiones con los brazos extendidos a los lados y las manos caídas. Manifestaba dolor, mucho dolor y sufrimiento. Eso es lo que me transmitía esta escena: me hacía llorar con tan solo verlo sin siquiera oír un llanto, no manifestaba más que dolor y sufrimiento.

Ese llanto que me provocaba era intenso por solo estar viéndolo sufrir. Nunca pude ver su rostro, nunca me pude acercar para verlo, nunca pude ni he podido concluir qué representaba: si era yo sufriendo, o si era otro ser, uno que nunca conocí.

Estas escenas se presentaron un número incontable de veces, y así, del mismo modo, desaparecían. Después de tantas vivencias con mis familiares y con esta persona viéndola sufrir, mi sensación de pureza y de limpieza interior fue disminuyendo, al grado de sentirme con una gran carga emocional, y todo gracias a esta luz que me hizo reflexionar sobre lo que había hecho. Después de analizar cada una de estas sesiones, ver que la luz blanco perla se hacía presente, que aumentaba de intensidad y me permitía ver a mis padres y hermanos, y que llegué a estar intensamente feliz, puedo concluir que han sido los días más maravillosos de mi vida.

Fueron experiencias extraordinarias que jamás había tenido ni disfrutado. Al analizar estas experiencias, y consciente de que no sabía si estaba vivo o muerto, llegué a la conclusión de que esta luz era algo especial, algo superior a los hechos, algo que hacía aparecer y desaparecer a mis seres queridos, y no podía imaginar quién podría o tendría el poder para lograr todo esto que viví, tan puro, tan extraordinario. A esta luz le puse el nombre de «DIOS».

Siempre ha estado en mi mente que hay alguien superior a mi persona, en pensamiento y en el universo. Este ser superior es mi DIOS. En cada escenario que vivía sabía que mi Dios era quien me permitía vivir estas experiencias. Por lo tanto, mi fe en mi Dios creció y creció de una manera increíble. Me daba seguridad y tranquilidad sentirme y pensarlo así. Y así decidí seguir pensándolo el resto de mis sesiones.

Dos momentos diferentes también se presentaron durante estas experiencias cercanas a la muerte. Las describo:

El primer momento: la luz intensa se hacía presente, aumentaba su intensidad, pero en lugar de ver a mis familiares o a la persona hincada sufriendo, ¡podía volar! Salía de mi habitación volando a una velocidad que yo podía controlar. Pude ver cerros chicos, grandes, todos perfectamente limpios y llenos de plantas bien ordenadas, sin haber secos ni hojas tiradas en el piso. Lo veía desde la altura a la que volaba. Vi lagos, lagunas, mar, carreteras, de todo... solo que siempre sin gente.

Siempre bien iluminadas, en algunas ocasiones, después de estar volando, podía meterme al agua de río o de mar. Esta agua estaba totalmente limpia, impresionantemente transparente, una pureza perfecta. Sin embargo, al tocarla, en lugar de formarse olas o burbujas, se hacían triángulos perfectos que nunca se mezclaban unos con otros. Se movían como si fuera agua, pero no era agua. Eran esos triángulos ligeramente azul tenue, algunas otras veces amarillo suave y, en el centro de estos triángulos, siempre había una planta verde pequeña.

Súbitamente, desaparecía de esas áreas y aparecía en mi habitación, acostado. Estos momentos también los viví muchas e incontables veces. En una sola ocasión me sucedió lo siguiente: me desperté, vi la habitación con luz normal, pero yo estaba en el techo, mirando a una persona vestida con ropa negra y acostada sobre su costado izquierdo. Me llamó mucho la atención porque, al verla con más detenimiento, se me hizo muy conocida, hasta que, al moverme en el techo de un lugar a otro, me di cuenta de que era yo. Mi cuerpo estaba separado de mí, no podía creerlo. ¿Cómo podría ver eso? ¿Qué significado tenía para mí en ese momento?

Yo estaba esperando ver mi luz intensa y mi limpieza interior, si lo puedo llamar así. Pero encontré esta nueva experiencia: bajé, me acerqué de una manera lenta y temerosa, y efectivamente era yo. Mis labios, mejillas y párpados estaban hinchados, edematizados, y me veía raro, pero era yo. Recorrí caminando mi espalda, mis piernas, mis brazos, mi cabeza, y lloré y lloré porque no entendía por qué estaba fuera de mi cuerpo. Llegué a la conclusión de que había muerto en ese momento. Me metí en mi cuerpo, nunca supe cómo, pero desperté y me encontré una vez más en mi habitación.

En otra sesión de «limpieza interna», la luz tenía una intensidad importante. Yo, feliz, porque disfrutaba todos y cada uno de esos segundos vividos; deseaba estar siempre en ese escenario. En una ocasión más, se incrementó la luz a una intensidad que no había tenido anteriormente. Esta me llevó a preguntarme si yo creía en el amor puro y limpio, y en el amor puro e inocente. No podía tener mi respuesta, y esta variaba su intensidad.

En un instante inesperado apareció mi esposa. Vi su cara, sus cabellos, a toda ella frente a mí, bañada por esa luz intensa. Pero, en ese momento, la intensidad fue mayor y, en mi mente, se aclaraba lo que no había podido contestar: ¡sí conocía la existencia de un amor puro y limpio!

Desapareció mi esposa y apareció mi nieta. Hermosa, inocente, chiquita, riendo siempre, queriendo ver algo que quizá no podía explicarse, ¿qué era lo que estaba viendo? La luz se hizo más intensa y, en mi mente, quedó muy claro que era el amor puro e inocente y su significado. Esto me hizo llorar de una forma importante por mucho tiempo, pero fue un llanto de paz, felicidad y conformidad.

La última reunión que tuve con mis familiares... No sabía que esa ocasión sería la última vez que nos veríamos, La luz se hizo presente, aumentó su intensidad, y aparecieron mis hermanos y mis padres.

Esa ocasión fue diferente: mi madre se acercó a mí. Yo estaba sentado en la cama y me comentó: «Hijo, venimos a despedirnos.

Ya no nos veremos más. Nosotros estamos muy bien, como ya lo viste. Seguiremos aquí, y tú no continuarás con nosotros. No sabes lo feliz que me has hecho, al igual que a tu padre y hermanos».

Se acercó más a mí y quiso abrazarme y darme un beso de despedida, pero mi padre hizo uso de la palabra y se dirigió a mi madre antes de acercarse a mí. Le hizo un comentario con voz tenue, dulce y tierna: «Recuerda, no debes tocarlo. Si lo tocas, no podrá regresar a su destino». Y mi madre obedeció en silencio. Solo su sonrisa tierna, dulce, amorosa y el adiós con sus manos pude recibir de ella.

Mi padre seguía parado a unos metros de distancia, a la izquierda de la habitación. Su mirada y una sonrisa tierna y amable, junto con las palabras «nos seguimos viendo» fueron su despedida. Un hombre fuerte, erguido, bien peinado y bien vestido, con abdomen voluminoso… Ese fue el hombre, mi padre, al que volví a ver feliz, alegre y satisfecho de haber cumplido con su plan de estar conmigo, cuidándome sin dejarme dormir. Su rostro de padre me decía que lo habíamos logrado.

Mi hermano Jorge se acercó, me dio una palmadita en el hombro izquierdo y, con una sonrisa, me dijo: «No te duermas, cabrón. Ya nos volveremos a ver. Me dio mucho gusto verte y saber que sigues en lo tuyo».

Se acercó mi hermano José Luis, «Pepe». También me dio una palmadita en el hombro derecho y, como despedida, me dijo:

«Bueno, cabrón, te dejo. Pórtate bien. Me siento muy orgulloso de ti. Siempre estaremos cerca. Sale, carnal. Nos vemos». La luz se hizo menos intensa y pude ver a mi esposa, junto a una ventana, con mi nieta Victoria dentro del mismo cuarto, pero a una distancia mayor que la de mis padres y hermanos. De hecho, considero que ellos no se vieron entre sí. Cerca de mi esposa había una ventana, y en esta estaban, por fuera, mis tres hijos: Jaime, Miguel y Mauricio. Me sonrieron y se despidieron con un adiós.

El cuarto oscureció y nunca más volví a tener esta experiencia tan hermosa, tan inolvidable, increíble y llena de paz. Al final, me quedé solo, y pude sentir —percibir— que los encuentros que había tenido a solas con la luz intensa, a la que le llamé «mi Dios», me hicieron ver muchos momentos en los que debí haber actuado de forma diferente. Nunca me hizo sentir mal ni me castigó de ninguna manera; siempre me hizo razonar. En cada evento, mi mente y mis ideas eran más rápidas. Me sentía más limpio y ligero por dentro.

Era una sensación de saciedad interna. Podía pensar con mayor velocidad y concluir con más facilidad y certeza. Muchas veces, durante esas experiencias, me daba la oportunidad de analizar lo que me estaba sucediendo. Lo curioso e interesante era que, aun en medio del placer, de esa paz y tranquilidad incomparable, me preguntaba si eso era verdad. Lo curioso es que pensaba: «Si no estoy muerto, ¿esto qué es? ¿Por qué me tocó vivirlo? ¿Quién lo facilitó? ¿Quién lo hizo posible?». Y mi respuesta siempre fue la misma: todo fue posible por MI DIOS.

No sé cuánto tiempo pasó hasta que me desperté de esa experiencia. El 14 de marzo de 2021 abrí los ojos y, a mi derecha, a unos dos metros de distancia, vi a mi esposa. Estaba parada, mirándome con una expresión de felicidad y con los ojos vidriosos: yo había despertado. Su sonrisa y su llanto me hicieron entender que no había sido fácil llegar a ese día, ni en las condiciones en que me encontraba. Me di cuenta de que tenía un tubo que salía de mi tráquea; era un tubo de plástico conectado a un sistema de ventilación mecánica.

Me dolía todo: el cuero cabelludo, las mejillas, la espalda, el cuello, las piernas, los pies y las manos. Tenía el cabello crecido de forma desordenada, y la poca barba que tenía había crecido de forma desordenada, llena de canas y muy largas. No podía hablar porque tenía una traqueotomía. Solo podía hacer señas; al principio fue difícil comunicarse, pero después se volvió muy fácil. En pocas horas, tenía una pluma y hojas blancas que me habían facilitado para escribir.

Vi mi cuerpo muy delgado, como nunca lo había visto: demasiado delgado. Tenía, además, una sonda nasogástrica, que era la línea de alimentación que usaron durante muchos días. También tenía unos parches en el pecho que registraban mis trazos cardiacos en un monitor de signos vitales, un sensor digital para estar de forma continua revisando la oxigenación y una aguja en mi muñeca izquierda que llegaba hasta la arteria radial, la cual servía para aspirar sangre de manera periódica, ya que era importante hacer gasometrías programadas. También tenía un catéter venoso central colocado en el brazo derecho, que permitía tener una línea de acceso para pasar medicamentos múltiples en diferentes horarios.

Este catéter venoso central estaba conectado a diferentes bombas de infusión, unas diez, que el personal de enfermería usaba para pasar todo tipo de medicamentos indicados por los médicos tratantes. Además, tenía una sonda transuretral que servía para juntar la orina cada 24 horas. Unas botas de material plástico con tela envolvían mis dos miembros inferiores; se llenaban de aire cada dos minutos y se vaciaban. Estas botas tenían la función de evitar la formación de coágulos.

Me di cuenta de que estaba vivo. Fue algo impresionante, ¡impactante! Sentía que habían pasado de tres a cinco años de mi vida en este estado de salud y de experiencias cercanas a la muerte, tan especiales. Sentía miedo, pena, tristeza y mucho agradecimiento con mi Dios por haberme permitido seguir vivo. Mi fe creció de forma inmensa. Había crecido dentro de mí mucha seguridad, tanto en mi persona como en mi mente, y esto me lo había dado mi Dios momentos antes.

Después de haber dado gracias a mi Dios, se me vino a la mente que no existiría en este mundo una forma de darles las gracias a mi esposa y a cada uno de mis hijos por todo el apoyo que me dieron. Gracias, familia, gracias. Por último, y no por eso menos importante, ver realizar el trabajo minuto a minuto, hora tras hora, del personal de enfermería, médicos de guardia y médicos especialistas que siempre me estuvieron cuidando visita tras visita… me generó muchas dudas.

Creí que estaba muerto y que solo había recibido una oportunidad de ver por última vez a mis seres queridos. No quería dormirme ni un solo minuto, porque, si me dormía, podía morir. Arrastraba la experiencia de mi reciente contacto con mis familiares, quienes siempre me despertaban para no dejarme dormir, ya que dormir era igual a «si te duermes, te mueres». Entonces, dormir era lo último que quería hacer. Pasaron varios días hasta que me visitó una doctora especialista en psiquiatría y, al cuarto día, ya pude dormir.

Tenía pánico de que se acercara a mí algún miembro de mi familia, ya que creía que podía infectarlos de mi enfermedad o con otras bacterias. Les pedía que se alejaran, que no entrarán a mi habitación. Esto creó una confusión en todos y cada uno de mis familiares. Llegaron a pensar que no los quería cerca de mí, que no debían acercarse porque podrían infectarme. También se generó un ambiente en el que parecía que quería que se fueran, que no los quería ni cerca ni lejos, que los rechazaba. Esto último también creó un ambiente nada agradable entre nosotros. Incluso se llegó a pensar, en el área médica y familiar, que había sufrido un daño cerebral especial.

¡Pero claro que no! Yo había logrado sobrevivir a dos intubaciones por COVID-19, dos periodos de coma inducido, múltiples descontroles metabólicos, fallas respiratorias, infecciones respiratorias, desnutrición, inmovilización prolongada, sondas por las vías urinarias, sonda nasogástrica, catéteres centrales por vía subclavia, treinta y cinco días de hospitalización y, lo más bello que me pudo haber sucedido..., tener una experiencia cercana a la muerte, donde pude ver y sentir a mi madre, platicar y convivir con ella, con mi padre y con dos hermanos ya fallecidos. Durante mucho tiempo no cuantificado, y todavía más, pude sentir, hablar y aceptar una forma de comunicación con una luz intensa, agradable, hermosa, que me ayudó profundamente a aceptar mis errores sin castigar, sin lastimar, sin hacer un solo comentario sobre lo que hice en mi vida.

Conocí una experiencia especial de comunicación con alguien que nunca pude ver, con algo que era muy superior a mi capacidad mental de hacer contacto, de aceptar todas sus sugerencias de lo bueno y de lo malo, y del porqué. Con una luz que nunca me lastimó y que, por mi propia conclusión, le di un nombre: mi Dios. ¿Cómo iba a estar rechazando a mi familia y al personal médico si ya había logrado la proeza más importante de mi mente y de mis tomas de decisiones? Si ya estaba curado, según yo.

Las horas fueron pasando y mi estado de salud mental fue mejorando, así como la recuperación progresiva de mi salud en general. Fui visitado por una psiquiatra, una nutricionista y una doctora especialista en rehabilitación física. Iniciaron las adecuaciones para fijar la fecha de retiro de la cánula de traqueotomía; mi alimentación cambió e inicié la alimentación oral progresiva. Me motivaron a levantarme, a moverme, y el 25 de marzo fui dado de alta a mi domicilio. Fue el Jueves Santo, justamente.

Llegué al Cititower, la torre de departamentos en la que vivimos. Después de haber checado todos y cada uno de los detalles de ropa de cama, limpieza exhaustiva del piso, de los baños, etc., mi esposa se dispuso a ir por mí al hospital. Por otro lado, Mau hizo lo suyo en el área administrativa antes de que me dieran de alta, de tal manera que, cuando se me indicó que ya podía salir, todos los documentos y pagos del hospital estaban resueltos. Lo único que hice fue salir en una silla de ruedas, apoyado por un camillero.

Lo imposible se había presentado en mí: logré superar la gravedad pura del COVID-19. Surgían muchas preguntas en mi cabeza, pero estas y los comentarios de los que me rodeaban eran tantos como los míos, así que decidí escuchar a las personas que estaban a mi alrededor: mis hijos, mi esposa y, por vía telefónica, mis hermanas, al igual que mis sobrinos. Algo que se repitió muchas veces fue este comentario: «Dios te dio una segunda oportunidad. Debe de haber algo muy importante, porque Dios te dejó vivo». Me decían: «Algo importante debes de estar por realizar. porque por eso Dios te permitió seguir vivo». En realidad, no tengo una respuesta para cada uno de esos comentarios.

Existen muchas dudas acerca del tema de la experiencia que viví estando en coma, a lo que he llamado *mis días vividos llenos de paz*, de tranquilidad, de armonía; de convivir con seres humanos que ya fallecieron, pero con quienes podía hablar durante mucho tiempo, escucharlos y estar intensamente lleno de paz. Viví la experiencia de tener comunicación con una luz intensa que no necesitaba hablar, a la cual le entendía sus comentarios sin usar la palabra. La comunicación era en silencio: de mi pensamiento hacia esa luz, y de esa luz hacia mi mente. ¡Algo increíble! Jamás imaginado por mí.

El jueves llegué a mi domicilio, y la atención por parte de mi esposa y de mis hijos fue de la más alta calidad y calidez humana. Tanto la alimentación como los cuidados que me brindaron fueron de un nivel humano muy profundo. El Viernes Santo transcurrió con normalidad. Me llegaban recuerdos de esa experiencia cercana a la muerte que me tocó vivir. También surgían otros pensamientos y recuerdos de esos días, de cómo los viví cuando era pequeño junto a mi familia desde hacía muchos años.

Llegó la noche. No tenía sueño y, como a las once de la noche, encendí la televisión y busqué un canal que me atrajera. En realidad, no deseaba verla, pero decidí hacerlo. Seleccioné el canal Discovery Channel y, en ese momento, estaba comenzando un documental titulado *Yo conocí a Jesús*. ¿Por qué me enfoqué en ese documental? ¿Por qué sucedió algo inesperado que jamás hubiera imaginado o pensado que me podría suceder?

Regresaré a lo escrito anteriormente, donde comenté que la última vez que me acompañaron mi madre, mi padre y mis hermanos, mi padre le dijo a mi madre: «No lo toques, porque si no, se quedará con nosotros para siempre».

Sucede que este documental narra la vida, muerte y resurrección de Jesús. El domingo de resurrección, María Magdalena fue en busca del cuerpo de Jesús para sepultarlo, y resulta que Jesús ya no estaba en la cueva donde fue depositado el viernes, después de fallecer. María Magdalena escuchó una voz proveniente de afuera de la cueva, y esa voz era la de Jesús, que la llamaba. Ella salió de la cueva y se dirigió hacia Jesús, quien apareció vivo y habló con ella.

Al final, ella intentó tocarlo y besarle la mano, pero Jesús le dijo: «No me toques, porque si no, no podrás quedarte en la Tierra y tendrás que venir conmigo». Este comentario me estremeció profundamente; me llevó a recordar, de inmediato, la experiencia que me había tocado vivir pocos días antes con mi familia ya fallecida. Me tomó por sorpresa, una muy agradable, y no podía creerlo. No podía creer que Jesús había utilizado exactamente las mismas palabras —ni una más, ni una menos— que mi padre, días antes, le había dicho a mi madre.

Ese fue un momento que, hasta hoy, se me ha hecho increíble. Una experiencia vivida ya en mi estado de recuperación, en mi domicilio. Me pregunté: ¿por qué tanta coincidencia? ¿Por qué seleccioné ese canal? ¿Qué significado puede tener volver a vivir a dos veces lo mismo? Solo que, ahora, no estaba en coma.

Dudas a las que aún no les tengo respuesta:

- ¿Por qué estoy vivo?

- ¿Por qué a mí se me dio esta oportunidad de vivir?

- ¿Por qué tuve esta experiencia cercana a la muerte?

- ¿Cómo sabía mi madre, padre y hermanos que yo saldría vivo de esta enfermedad mucho antes de salir del coma?

- ¿Cómo sabía mi madre que viviría o que seguiría con vida? ¿Por qué sabía que llegaría a despedirse de mí?

- ¿Cómo supo que ya no nos volveríamos a ver en esta experiencia?

- ¿Por qué mi padre advirtió con seguridad que mi madre no me tocaría?

- ¿Por qué todos sabían que yo viviría y que ya no nos veríamos más?

- ¿Cómo fue posible que el Viernes Santo yo sintonizara ese canal y el tema fuera este, que cerró una información que aún sigue abierta?

Esta parte que escribiré la dejé para el final, pero no por eso es menos importante. Quiero expresar todo mi agradecimiento a mi esposa, María Laura Figueroa Cardoso. Sin su amor, cuidados y todas sus atenciones, jamás lo habría logrado. Gracias, amor. Te debo una grande.

A mis hijos: nunca hubiera querido darles esta experiencia que les tocó vivir, llena de dolor y eventos muy especiales. Les pido perdón por haberles dado estos días en su vida. *Así lo viví.*

Jaime, tu gran fortaleza hizo posible mantener esas decisiones por las que estoy aquí. Tu aplomo para soportar los peores comentarios de los médicos hizo posible este milagro. Muchas gracias, hijo.

Miguel, toda tu entrega, todo a lo que te expusiste… Solo con tu apoyo fue posible lograr metas en Guadalajara y Moroleón. Muchas gracias, hijo.

Mauricio, te expusiste demasiado. Te entregaste totalmente a cubrir todas nuestras necesidades. Sin tu presencia, no hubiera sido posible corregir muchos rumbos. Por eso estoy vivo. Muchas gracias, hijo.